www.ingramcontent.com/pod-product-compliance
Lightning Source LLC
Chambersburg PA
CBHW030707220526
45463CB00005B/1944
*9781659483314*